“贵州乡村振兴”书系获

贵州出版集团有限公司出版专项资金

资　助

“农·村·健·康·生·活·知·识·手·册”丛·书

农村常见毒蘑菇识别知识手册

贵州省疾病预防控制中心 / 编
李海蛟　周亚娟 / 主编

贵州出版集团
贵州科技出版社
·贵 阳·

图书在版编目（C I P）数据

农村常见毒蘑菇识别知识手册 / 贵州省疾病预防控制中心编 ； 李海蛟，周亚娟主编. -- 贵阳 ： 贵州科技出版社，2023.5

（“农村健康生活知识手册”丛书）

ISBN 978-7-5532-1144-2

Ⅰ. ①农… Ⅱ. ①贵… ②李… ③周… Ⅲ. ①毒蕈—识别—手册 Ⅳ. ①S859.87-62

中国版本图书馆CIP数据核字(2022)第241541号

农村常见毒蘑菇识别知识手册

NONGCUN CHANGJIAN DUMOGU SHIBIE ZHISHI SHOUCE

出版发行	贵州出版集团　贵州科技出版社
地　　址	贵阳市观山湖区会展东路 SOHO 区 A 座（邮政编码：550081）
出 版 人	王立红
经　　销	全国各地新华书店
印　　刷	贵州新华印务有限责任公司
版　　次	2023 年 5 月第 1 版
印　　次	2023 年 5 月第 1 次
字　　数	49 千字
印　　张	2.625
开　　本	787 mm × 1092 mm　1/32
定　　价	15.00 元

“贵州乡村振兴”书系编委会

“农村健康生活知识手册”丛书编委会

总序

“贵州乡村振兴”书系诞生于如火如荼实施的“乡村振兴”战略大背景之中，从立意、策划、约请作者、编辑书稿、整体设计，直至当前首批成果即将付梓，时间已过去三年。三年中，书系历经多次思路的调整和具体方案的修改，人事也多有变更，但书系所有参与者为乡村种植、养殖产业发展提供技术服务，为乡村生态文明建设提供价值引领，为乡村振兴取得新成果进行总结与宣传的“初心”，迄今没有改变。

编辑出版“贵州乡村振兴”书系，主要目的是让最前沿的科学知识和成熟的实用技术尽快转化为解决实际问题的要素和生产力提升的推进器，伴随着“贵州乡村振兴”书系抵达田间地头，“飞入寻常百姓家”。在中国这样有着悠久历史的农业大国，农业科学技术日新月异，不断地推动着种植业、养殖业的发展；与此同时，我国是人口大国，为人民健康保驾护航的医学同样发展迅速。快速发展意味着科学知识、实用技术更新迭代的加快，只有使用最新的成熟技术和知识，才能为贵州产业发展、生态环保、健康生活提供保障，满足广大群众的期盼和渴求。书系中的各个板块，都力图将相关领域最新科学知识和技术化繁为简、化难为易，让阅读该书的广大群众尽快掌握和运用。

在形式上，书系以图文搭配、图文互彰的活泼形式，让严谨的科技知识更易被普通群众接受。书系的主要服务对象为活跃在田间地头的科技特派员、村里的种植户与养殖户（包括合作社、公司等负责人）、农村特殊人群（如患常见疾病的病人、职业病病人、孕产妇、老年人、儿童等）、驻守一线的村干部、返乡大学生、农技员等，如何将正确的理念、前沿的知识、优秀的技术“接地气”地传达给他们，经调查研究、试验、甄别，参考优秀“三农”图书，最终，我们采用科普读物、学术专著兼具，但对科普有所偏重的组织架构。其中，科普读物采用清晰明了的图片配合简明易懂的文字这一出版形式：文字简洁，可以让读者直接抓住实用知识和信息，不走弯路，节省时间；清晰的图片、图示，既可将方块字、数据蕴含的信息图像化、可视化，又能丰富和补充文字信息，甚至呈现出由于文字自身的模糊性而无法清楚传递的信息。活泼的设计也有助于调节视觉疲劳和阅读节奏，让纯粹以获取知识和技能、解决问题和困难为目的的阅读不再枯燥乏味。此外，书系中大部分图书采用了口袋书设计，便于携带。

书系的作者，都是在相关领域有扎实功底的。在种植、养殖板块，我们邀请了从事教学和研究多年的专家，以及长期深入田间地坎指导具体操作的科技特派员和农技员；在健康板块，作者们都从医多年，对于农村人群健康素养水平的提升、常见疾病的防治等经验丰富；在农村“五治”（治垃圾、治厕、治水、治房、治风）板块，我们邀请了从事规划和教学的专家……总之，书系作者对自己研究的领域既有扎实研究，又熟悉贵州的气候、资源禀赋、地形地貌、生态环境等，与此同时，他们还十分了解这片土地上生活着的人们内心的期待和需求，有着以自身所学所研回馈这片土地的质朴赤子情，也有着“将论文写在大地上”的奋斗精神。

“贵州乡村振兴”书系目前包含“生态农村建设系列”丛书、“农村健康生活知识手册”丛书、“茶叶栽培加工技术手册”丛书、“特色中药材种植养殖技术手册”丛书、“林木作物、农作物种植技术手册”丛书、“畜禽养殖技术手册”丛书、“水产生态养殖技术手册”丛书、“农技员培训系列”丛书等。随着乡村振兴这一战略的实施，我们也将适时新增板块，以配合和助力贵州乡村振兴的强力推进。当然，虽名为“贵州乡村振兴”书系，主要是为配合贵州乡村振兴工作而策划，但也适用于国内其他部分省（区、市）。

贵州曾是全国脱贫攻坚主战场，当前则是全国“乡村振兴”战略实施的主战场，统筹城乡一体发展的任务十分艰巨。

希望“贵州乡村振兴”书系的推出，可以切实助力于“新型工业化、新型城镇化、农业现代化、旅游产业化”战略目标的实现，乃至助力于建设社会主义现代化强国和实现中华民族伟大复兴。

是为序。

中国工程院院士
贵州大学校长

序

提升农村群众健康素养水平是实施乡村振兴战略的重要前提，是农村经济社会发展的重要基础，是巩固拓展脱贫攻坚成果的重要保障。2021年，中央一号文件《中共中央　国务院关于全面推进乡村振兴加快农业农村现代化的意见》专门提出：全面推进健康乡村建设，加强妇幼、老年人、残疾人等重点人群健康服务，加强对农村留守儿童和妇女、老年人以及困境儿童的关爱服务。2022年，《国务院关于支持贵州在新时代西部大开发上闯新路的意见》（国发〔2022〕2号）进一步提出：推进健康贵州建设，提升基层卫生健康综合保障能力。2023年，《中共中央　国务院关于做好2023年全面推进乡村振兴重点工作的意见》提出：加强农村老幼病残孕等重点人群医疗保障，最大限度维护好农村居民身体健康。

我国现有5亿多农村人口，其中外出务工人员，以及留守老人、留守儿童等特殊人群占很大比例。贵州省疾病预防控制中心的监测数据显示，贵州农村人群的死亡率高于全国及西部平均水平，因慢性病导致的死亡人数占农村全部死亡人数的84.0%。2018年，贵州农村居民接受健康体检的比例仅有32.2%，低于城市地区比例（41.0%），而高血压、糖尿病等慢性病的患病率，农村与城市已没有差异。

如何做好巩固拓展脱贫攻坚成果和乡村振兴的有效衔接，如何推进健康乡村建设，开展健康知识的普及与宣传，增强农村群众的文明卫生意识和健康素养水平，是巩固拓展健康扶贫成果、实施乡村振兴战略的重要课题。

欣闻“贵州乡村振兴”书系即将出版，其中由贵州省疾病预防控制中心牵头编写的“农村健康生活知识手册”丛书以图文并茂的形式，围绕当前农村地区的常见病、多发病以及广大农村群众关心的健康问题，不仅介绍了高血压、糖尿病等常见病的防治知识，老年人、儿童、孕产妇等重点人群的健康管理方法，农村常见毒蘑菇识别要点，农村常见意外伤害、自然灾害防治知识等，还对农村群众就业、就医中急需的职业病防治、医保政策要点以及合理用药、免疫接种、膳食营养等知识进行了科普宣传，内容深入浅出，文字通俗易懂，契合农村群众的实际需要。这种形式的健康科普非常符合世界卫生组织提出的“将健康融入所有政策（Health in All Policies，HiAP）”的方针，必能为提升广大农村群众的健康素养水平发挥积极的作用。

衷心祝愿阅读该丛书的广大农村群众，更加健康，更加幸福！

2023 年 2 月 1 日

（吴静为中国疾病预防控制中心慢性非传染性疾病预防控制中心主任，研究员）

目　录

第一篇

“红伞伞，白杆杆，吃完一起躺板板……”

什么是“红伞伞，白杆杆”？

“红伞伞，白杆杆，吃完一起躺板板……”这是一首流传于蘑菇中毒高发地区的民间童谣，“红伞伞”“白杆杆”形象地说明了毒蘑菇的颜色。其实，毒蘑菇可不仅仅是“红伞伞，白杆杆”，各种颜色、形态都有，不信您跟我来看看吧。

“红伞伞”

贵州省内红色毒蘑菇的种类很有限，这类毒蘑菇主要造成神经精神型、胃肠炎型中毒。

红褐鹅膏（*Amanita orsonii*）

（有毒，神经精神型）

热带紫褐裸伞（*Gymnopilus dilepis*）

（有毒，神经精神型）

热带紫褐裸伞生长在树上、竹子上、碎木头上甚至锯末堆上，幼时为紫红色，老后呈黄褐色。

* 本书中除了标注供图者的图片，其他图片均由作者提供。

赭红拟口蘑（*Tricholomopsis rutilans*）

（有毒，胃肠炎型）

裂盖湿伞（*Hygrocybe rimosa*）

（有毒，胃肠炎型）

张明供图

“白伞伞”

白色的毒蘑菇有很多种，这类毒蘑菇主要造成急性肝损害型、急性肾衰竭型、神经精神型、胃肠炎型中毒。“白伞伞”引起的蘑菇中毒是最常见的。

“白伞伞”没有亮丽的外表，却包藏很毒的“祸心”！

假淡红鹅膏（*Amanita subpallidorosea*）

（剧毒，急性肝损害型）

假淡红鹅膏是 2015 年发现于贵州省遵义市的剧毒蘑菇新种，已在贵州省多地引发多起中毒事件，致使多位中毒者死亡，是贵州省已发现最危险的剧毒蘑菇之一。

淡红鹅膏（*Amanita pallidorosea*）

（剧毒，急性肝损害型）

裂皮鹅膏（*Amanita rimosa*）

（剧毒，急性肝损害型）

致命鹅膏（*Amanita exitialis*）

（剧毒，急性肝损害型）

欧氏鹅膏（*Amanita oberwinklerana*）

（剧毒，急性肾衰竭型）

锥鳞鹅膏（*Amanita virgineoides*）

（有毒，神经精神型）

圆足鹅膏（*Amanita sphaerobulbosa*）

（有毒，神经精神型）

多色杯伞（*Clitocybe subditopoda*）

（有毒，神经精神型）

何勇供图

大青褶伞（*Chlorophyllum molybdites*）

（有毒，胃肠炎型）

龙朝阳供图

潘俊供图

变红青褶伞（*Chlorophyllum hortense*）

（有毒，胃肠炎型）

何勇供图

日本红菇（*Russula japonica*）

（有毒，胃肠炎型）

辣味多汁乳菇（*Lactifluus piperatus*）

（有毒，胃肠炎型）

“灰伞伞”

灰色的毒蘑菇也是需要我们高度关注的类群，这类毒蘑菇主要造成急性肝损害型、急性肾衰竭型中毒。

杨龙剑供图

灰花纹鹅膏（*Amanita fuliginea*）

（剧毒，急性肝损害型）

拟灰花纹鹅膏（*Amanita fuligineoides*）

（剧毒，急性肝损害型）

假褐云斑鹅膏（*Amanita pseudoporphyria*）

（剧毒，急性肾衰竭型）

“黄伞伞”

贵州省内黄色至黄褐色的毒蘑菇种类很多，形态多样，很难区分。“黄伞伞”经常出现在各种蘑菇中毒事件中，主要造成急性肝损害型、神经精神型、胃肠炎型中毒。

就是这种黄色的小蘑菇，2018—2021 年至少造成6人中毒死亡！

黄盖鹅膏（*Amanita subjunquillea*）

（剧毒，急性肝损害型）

2012年6月，某县发生一起严重的黄盖鹅膏中毒事件，造成5人中毒（其中2人死亡）。

条盖盔孢伞（*Galerina sulciceps*）

（剧毒，急性肝损害型）

2013年11月，某市发生一起条盖盔孢伞中毒事件，造成13人中毒。

橙黄鹅膏（*Amanita citrina*）

（有毒，神经精神型）

赭黄裸伞（*Gymnopilus penetrans*）

（有毒，神经精神型）

古巴裸盖菇（*Psilocybe cubensis*）

（有毒，神经精神型）

侯兴华供图

李庆德供图

卵囊裸盖菇（*Psilocybe ovoideocystidiata*）

（有毒，神经精神型）

2021年3月，某市发生一起卵囊裸盖菇中毒事件，造成2人中毒。

卡拉拉裸盖菇（*Psilocybe keralensis*）

（有毒，神经精神型）

臭红菇（*Russula foetens*）

（有毒，胃肠炎型）

点柄黄红菇（*Russula punctipes*）

（有毒，胃肠炎型）

多瓣鳞伞（*Pholiota multicingulata*）

（有毒，胃肠炎型）

丛生垂幕菇（*Hypholoma fasciculare*）

（有毒，胃肠炎型）

栎裸脚菇（*Gymnopus dryophilus*）

（有毒，胃肠炎型）

密褶裸脚菇（*Gymnopus densilamellatus*）

（有毒，胃肠炎型）

毛柄网褶菌（*Tapinella atrotomentosa*）

（有毒，胃肠炎型）

淡红粉末牛肝菌（*Pulveroboletus subrufus*）

（有毒，胃肠炎型）

褐环乳牛肝菌（*Suillus luteus*）

（有毒，胃肠炎型）

松林乳牛肝菌（*Suillus pinetorum*）

（有毒，胃肠炎型）

琥珀乳牛肝菌（*Suillus placidus*）

（有毒，胃肠炎型）

“蓝伞伞”

贵州有一种神奇的蓝色蘑菇，它们长在大树上或者倒下的木头上，菌褶晚上会发出荧光，犹如万盏灯火，熠熠生辉，十分神奇。它就是日本类脐菇，俗称月夜菌、毒侧耳等，主要造成胃肠炎型中毒。

我晚上可是会发光的哟！

潘家喜供图

日本类脐菇（*Omphalotus guepiniformis*）

（有毒，胃肠炎型）

“麻伞伞”

贵州有很多菌盖上长着各种各样鳞片的毒蘑菇，它们一点也没有常见的栽培蘑菇的那种丝滑感，让人看上去就难受。这些毒蘑菇的种类各异，其中不乏剧毒的，千万不要采食！“麻伞伞”主要造成急性肝损害型、神经精神型中毒。

球基鹅膏——老百姓眼中的“芝麻菌”，是贵州省多起蘑菇中毒事件的罪魁祸首。

肉褐鳞环柄菇（*Lepiota brunneoincarnata*）

（剧毒，急性肝损害型）

毒环柄菇（*Lepiota venenata*）

（剧毒，急性肝损害型）

球基鹅膏（*Amanita subglobosa*）

（有毒，神经精神型）

小豹斑鹅膏（*Amanita parvipantherina*）

（有毒，神经精神型）

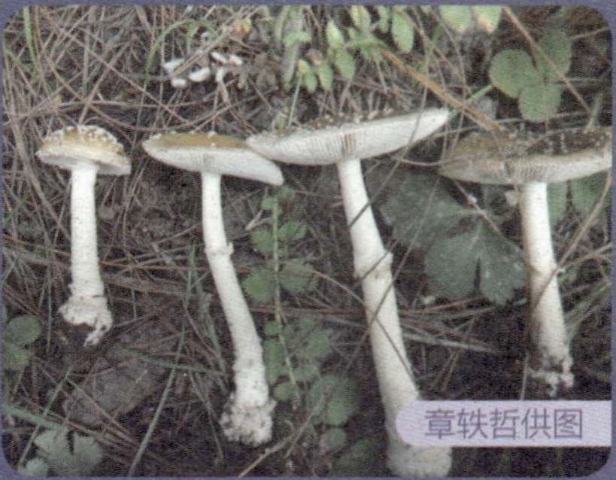
章轶哲供图

“怪伞伞”

贵州还有一些蘑菇具有各种奇怪的形态，有的像被小朋友遗忘的小球，有的像小兔子的耳朵，有的像一个小碗……这些“怪伞伞”主要造成神经精神型、胃肠炎型中毒。

看看我像什么？像小兔子的耳朵吗？

毒鹿花菌（*Gyromitra venenata*）

（有毒，神经精神型）

陈作红供图

毒硬皮马勃（*Scleroderma venenatum*）

（有毒，胃肠炎型）

大丛耳菌（*Wynnea gigantea*）

（有毒，胃肠炎型）

疣孢褐盘菌（*Peziza badia*）

（有毒，胃肠炎型）

第二篇

神秘的“火炭菌”

蘑菇家族里有一些蘑菇晒干后会变黑，比如稀褶红菇、密褶红菇等，它们常被老百姓称为“火炭菌”。村民们认为“火炭菌”非常美味，常常采食。他们不知道的是，有一种剧毒的亚稀褶红菇与“火炭菌”外观非常相似，一旦误食，会导致采食者中毒甚至死亡。

密褶红菇、稀褶红菇、亚稀褶红菇都属于红菇家族，它们在外观上极为相似，都有灰色的菌盖，主要的区别就是菌褶的疏密程度不同。实际上，稀褶和亚稀褶之间很难区分。密褶红菇、稀褶红菇是可食的，但是亚稀褶红菇却是剧毒的，一旦误食，后果不堪设想！

密褶红菇（可食）

稀褶红菇（可食）

亚稀褶红菇（剧毒）

⚠ 书中展示了部分可食蘑菇的图片，旨在提醒广大读者：可食蘑菇与毒蘑菇的外观非常相似，哪怕是专业人员也需要借助实验室设备方可辨别蘑菇有无毒性，而无法仅通过外观辨别。切不可仅凭借本书中可食蘑菇的图片，私自识别并采食任何野生蘑菇！！！

下图中的蘑菇就是剧毒的亚稀褶红菇，常常被老百姓误认作“火炭菌”。亚稀褶红菇被烘干后，它的菌褶不会变黑。

下图中的蘑菇才是“火炭菌”——稀褶红菇，它被烘干后，菌褶完全变黑。

烘干前的稀褶红菇

烘干后的稀褶红菇

您看，稀褶红菇和亚稀褶红菇是不是长得很像？！老百姓很难区分它们，注意一定不要采食！

稀褶红菇（可食）

亚稀褶红菇（剧毒）

近年来，亚稀褶红菇在贵州省多地造成多起中毒事件，比如：2016年8月某县连续发生2起亚稀褶红菇中毒事件，造成9人中毒（其中8人死亡）。

亚稀褶红菇的毒性特点

亚稀褶红菇有剧毒，误食后发病快，多在十几分钟至3小时出现症状。初期症状为恶心、呕吐、腹痛、腹泻等，随后症状加重，出现全身无力、胸闷、心悸、呼吸困难，伴全身疼痛、血尿或酱油色尿等横纹肌溶解综合征表现。中毒严重者的死亡率高达70%以上。

第三篇

“穿鞋、戴帽、穿裙子”的剧毒蘑菇

这样的蘑菇你见过吗?

它的菌盖就像小帽子，它的菌环就像小裙子，它的菌托就像小靴子，整朵蘑菇看上去像不像一个穿鞋、戴帽、穿裙子的小姑娘？其实它真正的身份是鹅膏菌，而很多鹅膏菌都是剧毒的！

鹅膏菌属（*Amanita*）是伞菌目鹅膏菌科的一个重要类群，其中剧毒鹅膏菌的主要特征为：菌柄上有菌环，菌柄基部有菌托。剧毒鹅膏菌是造成我国蘑菇中毒事件的最主要元凶。有资料统计，在我国蘑菇中毒死亡病例中，70%以上是由剧毒鹅膏菌造成的。

在贵州省，造成中毒事件的剧毒鹅膏菌主要有：致命鹅膏、淡红鹅膏、假淡红鹅膏、灰花纹鹅膏、拟灰花纹鹅膏、黄盖鹅膏、裂皮鹅膏、欧氏鹅膏等。剧毒鹅膏菌与某些可食蘑菇的外观相似，这是导致老百姓误采误食从而引发中毒的主要原因。

左图拍摄于贵州省某地路边的市场：

★ 左侧为剧毒的淡红鹅膏。

★ 右侧为食毒不明的白色红菇。

中华鹅膏（可食）

拟灰花纹鹅膏（剧毒）

第三篇

剧毒鹅膏菌引起的急性肝损害型中毒的临床表现

潜伏期：进食蘑菇后6~15小时，少数病例20小时以上。中毒者无明显症状。

胃肠炎期：进食蘑菇后6~48小时。经过潜伏期后,中毒者出现恶心、呕吐、剧烈腹痛、腹泻等胃肠炎症状，此时肝功能指标通常是正常的。胃肠炎期一般持续12~24小时。

假愈期：进食蘑菇后 24~72 小时。经过胃肠炎期后，中毒症状消失，中毒者看似康复。假愈期持续 1~2 天后，肝功能、肾功能指标开始恶化。

脏器损害期：进食蘑菇后72~96小时。经过假愈期后，中毒者病情迅速恶化，多脏器损害严重，进行性加重。若治疗不及时，中毒者可能在5~16天内死亡，病情严重者可能在2~5天内死亡。

特别提醒！！！

千万不要采食“穿鞋、戴帽、穿裙子”的蘑菇！

第四篇

假愈期

什么是假愈期？

鹅膏肽类毒素中毒后1天左右，腹痛、腹泻、呕吐等症状消失，中毒者会突然感觉自己的病情“好转”了。部分中毒者会选择离开医院，中断治疗。其实，这是鹅膏肽类毒素中毒过程中特有的现象——假愈期，这完全是一个假象！

假愈期一般发生在中毒后的 24~72 小时，即胃肠炎期过后，中毒症状消失，中毒者看似身体康复了，但持续 1~2 天后病情会迅速恶化，心、肝、肾等多脏器损害严重，进行性加重。如果就诊时间晚，或假愈期中断治疗，或病情复杂以致治疗效果不理想，中毒者可能在 5~16 天内死亡。

特别提醒！！！

★ 如果食用野生蘑菇 6 小时后突然上吐下泻，一定要立即去医院治疗，最好带上剩余的蘑菇或者蘑菇的照片。

★ 治疗过程中，中毒症状突然消失，不要认为是治好了而选择中断治疗，离开医院。一定要警惕假愈期，否则会危及生命！

第五篇

蘑菇中毒防控

毒蘑菇造成的惨案

★ 2013年4月，贵州省某县一家四口采食白色的野生蘑菇，造成4人全部中毒死亡。爸爸45岁，妈妈44岁，儿子12岁，女儿4岁。

★ 2020年7月，贵州省某县一家三口采食灰色的野生蘑菇，造成3人全部中毒死亡。爸爸和妈妈都是40多岁，女儿20岁。

毒蘑菇难以辨别

部分剧毒蘑菇和可食蘑菇的形态相似度很高，老百姓对蘑菇的辨别能力又不足，一旦误采误食，就可能发生“吃伞伞，躺板板”的悲剧！

灰花纹鹅膏（剧毒）

隐花青鹅膏（可食）

毛木耳（可食）

叶状耳盘菌（有毒）

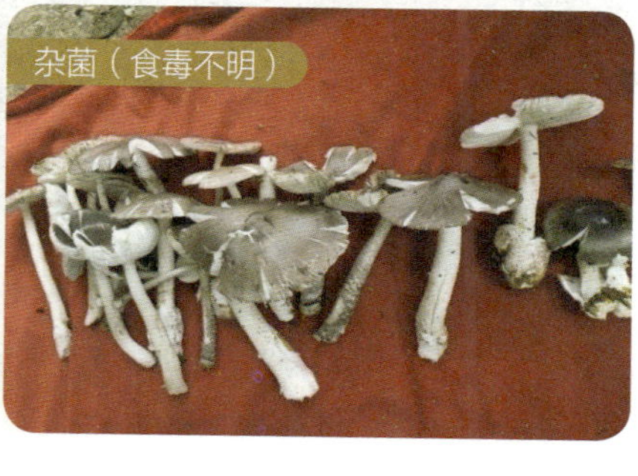
杂菌（食毒不明）

隐藏在市场杂菌里的“杀手”

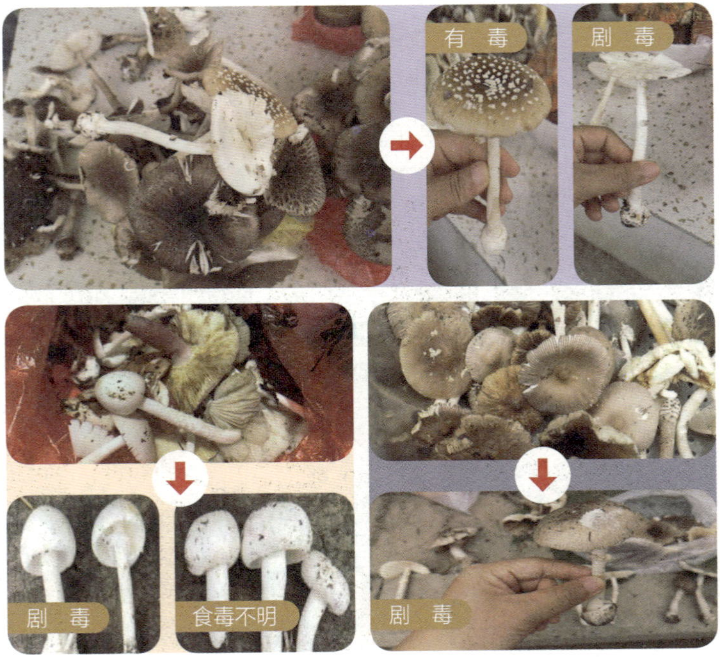

某起中毒事件中同一采集地不同时间生长的不同种类的蘑菇

中毒事件 1 周前采集的蘑菇 → 造成中毒事件的蘑菇 → 1 周后调查人员进行流行病学调查时采集到的蘑菇

高大鹅膏近似种（可食）

欧氏鹅膏（剧毒）

欧氏鹅膏和淡红鹅膏（剧毒）

老百姓眼中的“芝麻菌”

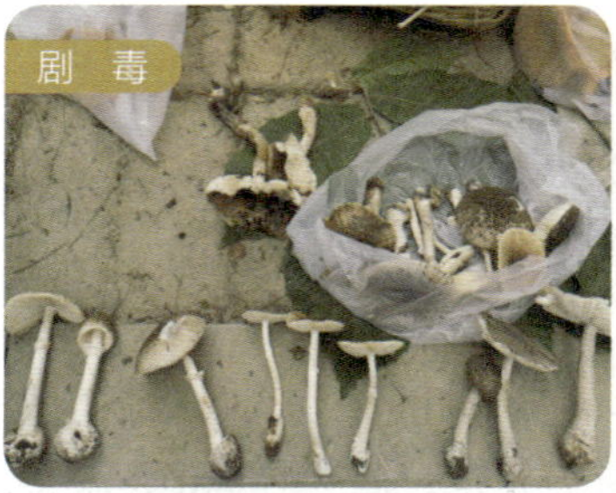

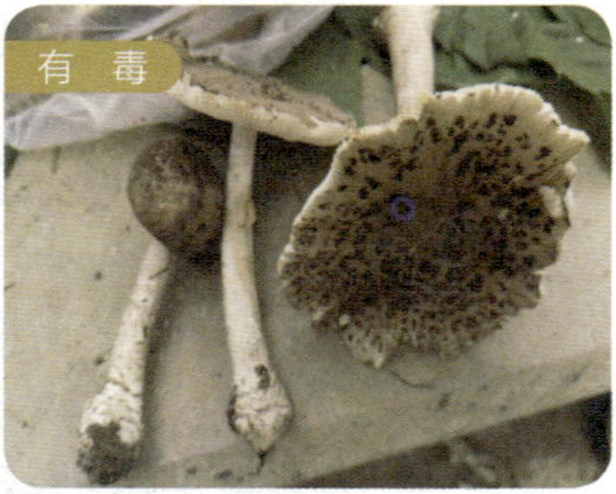

防控建议

防控建议1

不采食、不买卖野生蘑菇，一旦中毒，立刻就医！

目前，蘑菇中毒没有特效解毒剂且治疗费用高昂。特别是剧毒蘑菇中毒者，需要在重症监护室（ICU）接受清除毒素等血液净化治疗，包括血液灌注、血液透析、腹膜透析、血浆置换等在内的治疗，费用为每人每天10 000~20 000元。按照住院10~20天计算，每个人的救治费用高达几十万元！所以，蘑菇中毒不仅仅会危害生命，还会给家庭带来巨大的经济负担！

防控建议2

不要相信民间那些没有科学依据的辨别毒蘑菇的办法!

★ 根据蘑菇的颜色判断其是否有毒是错误的!

仅仅根据蘑菇的颜色不能判断它们是否有毒。部分颜色不艳丽的蘑菇也是有毒的，如灰色的灰花纹鹅膏、拟灰花纹鹅膏和白色的致命鹅膏；很多颜色艳丽的蘑菇却是美味的食用菌。

变绿红菇（可食）

玫瑰红菇（可食）

鸡油菌（可食）

紫晶蜡蘑（可食）

★ 以“掰开蘑菇后有没有乳汁或断面会不会变色”来判断蘑菇是否有毒毫无科学依据！

比如：红汁乳菇是美味的食用菌，被掰开或划伤后会流出乳汁；一些可食用的牛肝菌被掰开后，断面会变成蓝色。

★ “生蛆或生虫的蘑菇无毒”，这种说法是错误的！

很多剧毒蘑菇成熟后也会生蛆或生虫。

图中小蜗牛正在食用剧毒的肉褐鳞环柄菇。

图中马陆正在食用剧毒的欧氏鹅膏。

★ “长在潮湿处或家畜粪便上的蘑菇有毒，长在松树下等地方的蘑菇无毒”，这种说法是错误的！

上述说法并没有科学依据。在蘑菇中毒事件调查处置中发现，潮湿处、家畜粪便上、松树下等地方，既生长有毒蘑菇，也生长可以食用的蘑菇。

珊瑚状锁瑚菌（可食）

欧氏鹅膏（剧毒）

★“蘑菇和银器、生姜、大蒜一起煮，银器、生姜、大蒜变色就说明蘑菇有毒，不变色就说明蘑菇无毒”，这种说法是错误的！

蘑菇毒素不能与银器、生姜、大蒜发生化学反应，颜色也就不可能产生变化。比如：淡红鹅膏和大蒜一起煮就不会变色。

和大蒜一起煮的淡红鹅膏

防控建议3

进食野生蘑菇后出现任何症状都应立即就诊，不要存侥幸心理。

★ 进食野生蘑菇前，用手机拍一些所食用蘑菇的照片，一旦发生中毒，便于医生和调查人员对蘑菇进行鉴别，快速确定治疗方案。

★ 进食野生蘑菇后身体出现任何症状都应立即就诊，告诉医生和调查人员相关信息，比如：吃的是什么蘑菇，吃了几种，蘑菇是从哪里采来的，几个人一起吃的，出现了哪些不适，等等。

★ 治疗过程中一定要听从医嘱，不要自己去评判病情，甚至将假愈期判断为“康复”而中断治疗，以至于严重影响治疗效果，危及生命。

为了您和家人的身体健康，

请不要随意采食、买卖野生蘑菇！

珍爱生命，远离毒蘑菇！